REAL LIFE MATHS CHALLENGES

数学思维来帮忙

  动物饲养员

[美] 约翰·艾伦／著　陈莹／译

U0392320

北京时代华文书局

图书在版编目（CIP）数据

数学思维来帮忙. 动物饲养员 /（美）约翰·艾伦著；陈莹译. — 北京：北京时代华文书局，2020.12
ISBN 978-7-5699-4012-1

Ⅰ. ①数… Ⅱ. ①约… ②陈… Ⅲ. ①数学—儿童读物 Ⅳ. ①O1-49

中国版本图书馆CIP数据核字(2020)第261939号

北京市版权局著作权合同登记号 图字: 01-2019-4695

Original title copyright:©2019 Hungry Tomato Ltd
Text and illustration copyright ©2019 Hungry Tomato Ltd
First published 2019 by Hungry Tomato Ltd
All Rights Reserved.
Simplified Chinese rights arranged through CA-LINK International LLC
(www.ca-link.cn)

拼音书名 | SHUXUE SIWEI LAI BANGMANG DONGWU SIYANGYUAN

出 版 人 | 陈 涛
选题策划 | 许日春
责任编辑 | 沙嘉蕊
责任校对 | 薛 治
装帧设计 | 孙丽莉
责任印制 | 訾 敬

出版发行 | 北京时代华文书局 http://www.bjsdsj.com.cn
          北京市东城区安定门外大街138号皇城国际大厦A座8层
          邮编: 100011 电话: 010-64263661 64261528
印   刷 | 河北环京美印刷有限公司   电话: 010-63568869
          (如发现印装质量问题，请与印刷厂联系调换)
开   本 | 889 mm×1194 mm 1/16 印 张 | 2 字 数 | 30千字
成品尺寸 | 210 mm×285 mm
版   次 | 2023年7月第1版   印 次 | 2023年7月第1次印刷
定   价 | 224.00元（全8册）

版权所有，侵权必究

目 录
Contents

欢迎来到动物园

　　动物饲养员的工作很忙，他们有责任保证动物的健康和安全。照看动物是一项令人兴奋的重要工作。

动物饲养员给动物们喂食物和水。

动物在围栏里可以做很多事情。

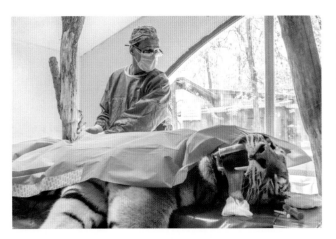

动物生病的时候，饲养员和兽医给它们治病。

游客们经常问动物饲养员很多关于动物的问题。

　　你需要纸、铅笔和一把尺子。别忘了穿上靴子，我们出发吧！

在这本书中，你会发现动物饲养员每天都要解决的数学难题。你也有机会回答许多有关动物的数学问题。

书里写了什么？

找出在忙碌的一天里你需要做什么

图表和表格可以回答你的数学问题

找出关于动物的真相

回答问题并提高数学技能

如果你被难住了，第30—31页有一些提示可以帮助你

你知道饲养员们什么时候必须要运用数学知识吗？

首先要做的工作

动物饲养员每天的工作从早上8时开始。首先，他们会对所有动物进行检查。如果动物生病或受伤，饲养员必须马上告诉兽医。你可以将下面这张地图作为指南。

利用动物园地图回答问题。

1 依次走过大猩猩、长颈鹿、鸟和豹的围栏。你是顺时针走还是逆时针走？

2 大猩猩的南面是长颈鹿，正西面是什么动物？

3 如果你沿着这条红色的路线走，你要转多少个直角？

（第30页有小提示，可以帮你回答这些问题。）

动物园地图

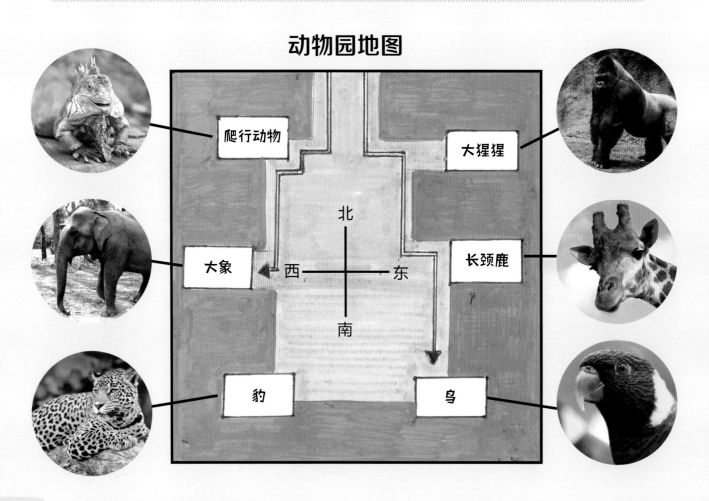

4 接下来，你去看犀牛，它正在等着吃早餐呢！它18岁了，你的年龄和犀牛的年龄相差多少？

在野外，犀牛吃草和水果。在动物园里，饲养员们尽量让它们吃同样的食物。

犀牛的角

犀牛的鼻子上有两个角，前面较大的角可以长到50厘米长。

5 上面这条线比犀牛角短了多少？

和动物宝宝见面

接下来是检查动物宝宝的时候了。首先来看看小猩猩。世界上只剩下大约3万只猩猩！在动物园里，人们用各种方法保证猩猩的正常繁殖，从而避免了它们的灭绝。饲养员们轮流照看这只小猩猩和它的妈妈。

6 你从9时开始照看猩猩，你照看了1小时。现在几时了？

7 2.5小时后就是午餐时间了。什么时候吃午饭？

8 这是一只6周大的猫鼬宝宝。6个星期有多少天？

（第30页有小提示，可以帮你回答这些问题。）

体形大的宝宝

看看这些动物园里出生的动物婴儿有多重。

9 动物园里的一个动物宝宝出生时体重可达95千克。它是什么动物？

长颈鹿
50—60千克

大象
90—110千克

犀牛
35—75千克

这是一只猩猩宝宝，它会喝妈妈的奶水，一直到4岁。

照看动物宝宝

有时动物妈妈不知道如何照顾孩子，或者是因为自己生病了而无法照顾孩子。这时候，动物饲养员必须照料这些孩子。这头小象的妈妈病了，所以饲养员在照顾它。

给小象喂食

小象吃特殊的奶。要做到这一点，每30克水里需要加1茶匙奶粉。

10 你要往这个瓶子里加几茶匙奶粉？

60克

11 这个瓶子你要加多少茶匙奶粉？

120克

（第30页有小提示，可以帮你回答这些问题。）

一只幼狮的体重

　　动物饲养员定期给动物宝宝称体重。他们检查幼崽是否健康，生长是否正常。这是一只年幼的狮子。

12 这只幼崽出生时，它有这么重。它的体重是多少？

千克

13 幼崽2个月大时要再次称体重。它有多重？

千克

14 动物饲养员将在4个月后停止照料这只幼崽，6个月后它会停止喝奶。你能算出用数字4和6组成的这些题吗？

$4 + 6$

$4 + 4$

$6 - 4$

$6 + 6$

（第30页有小提示，可以帮你回答这些问题。）

小狮子在3个月大时就开始吃肉了。

今天的食物

动物园里的动物每天都吃新鲜的食物，与它们在野外吃的食物相同；还会吃特殊的药丸，这些药丸能提供维生素。一辆货车到了，车上运送的是胡萝卜和芒果。

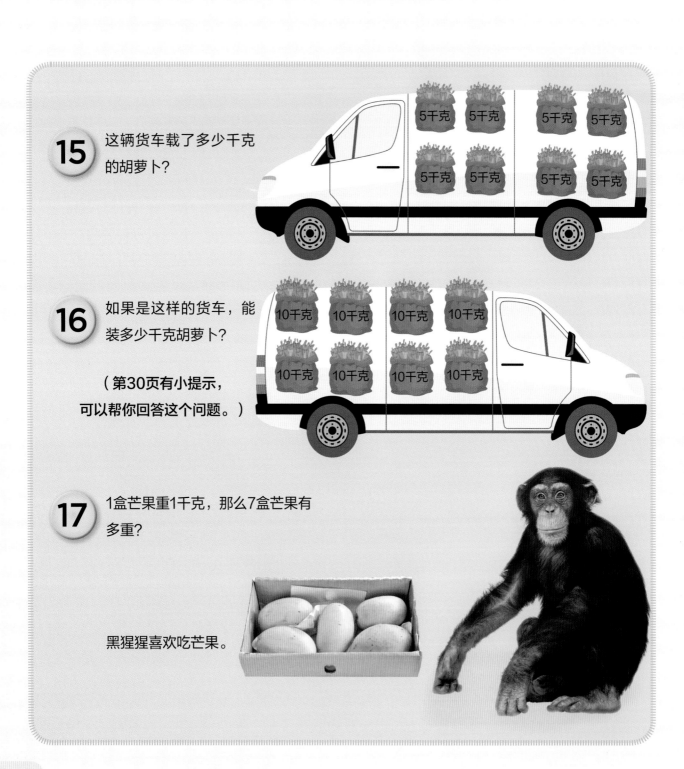

15 这辆货车载了多少千克的胡萝卜？

5千克 5千克 5千克 5千克
5千克 5千克 5千克 5千克

16 如果是这样的货车，能装多少千克胡萝卜？

（第30页有小提示，可以帮你回答这个问题。）

10千克 10千克 10千克 10千克
10千克 10千克 10千克 10千克

17 1盒芒果重1千克，那么7盒芒果有多重？

黑猩猩喜欢吃芒果。

食物表

有些动物只吃植物，它们吃树叶、草、水果或蔬菜；有些动物是食肉动物，它们以昆虫、鸟类、鱼类或哺乳动物为食；有些动物既吃植物又吃肉。

18 这张表最下面少了一种动物的名字，是下面这三种动物中哪一个呢？

- 老虎，吃其他动物。
- 食蚁兽，吃昆虫和水果。
- 鹿，吃树叶和草。

（第30页有小提示，可以帮你回答这个问题。）

动物名称	食草	食肉
水獭		✔
熊		✔
河马	✔	
？	✔	✔

19 假如这群斑马每餐吃1袋干草和$\frac{1}{2}$袋药丸，每天吃2次，它们每天吃多少？

猩猩的午餐

到猩猩们吃午餐的时间了。猩猩生活在雨林中，它们整天都在寻找食物。在动物园里，它们的食物每天都放在不同的地方。猩猩必须找到它，就像在野外一样。

猩猩吃的水果主要包括

梨

香蕉

苹果

橘子

20 图片显示了猩猩吃的水果。有多少个梨？

21 香蕉比橘子多，真的还是假的？

22 数一数苹果的数量，是奇数还是偶数？

23 看下面的数字，你能把所有的奇数都挑出来吗？

15 13 12 9
18 3
2 10 14

（第30页有小提示，可以帮你回答这些问题。）

猩猩可以活到45岁。

24 一只18个月大的猩猩宝宝，
它的年龄是几岁？

25 一只24个月大的小猩猩，
它的年龄是几岁？

（第30页有小提示，可以帮你回答这些问题。）

蛇和鸟

下午2时的时候，动物饲养员将和游客进行互动。游客们被允许触摸蟒蛇。它的皮肤摸起来非常光滑和干燥。饲养员告诉游客，他负责给蛇喂食老鼠和小鸡。

26 这条红尾蚺（rán）不是动物园里最长的蛇。哪条蛇最长？

动物园里蛇的体长

眼镜蛇 6米

蟒蛇 10米

响尾蛇 2.5米

红尾蚺 5米

水蚺 8米

27 哪条蛇的长度是蟒蛇的一半？

28 有多少条蛇比眼镜蛇短？

动物园中鸟的年龄

爱情鸟
18岁

绯红金刚鹦鹉
40岁

虎皮鹦鹉
10岁

凤头鹦鹉
62岁

29 你能把这些鸟按照年龄从小到大的顺序排列吗？

（第30页有小提示，可以帮你回答这个问题。）

金刚鹦鹉是最长寿的鹦鹉，可以活到80岁，它们一生都和伴侣在一起。它们可以复述听到的词。

数数有多少只鸟

动物饲养员有一张图表可以显示鸟舍里有多少只鸟。

名称	动物园里的数量
爱情鸟	16
绯红金刚鹦鹉	4
凤头鹦鹉	9
虎皮鹦鹉	27

30 有多少只凤头鹦鹉？

31 哪种鹦鹉最少？

32 哪种鹦鹉最多？

顽皮的企鹅

动物园里有好几种企鹅在同一个围栏里。这8只麦哲伦企鹅是最新成员，它们是上周从附近动物园来到这里的，看样子它们像是在新家安顿下来了。

企鹅的种类

帽带企鹅　　　巴布亚企鹅　　　帝企鹅　　　麦哲伦企鹅

33 帝企鹅高90厘米，如果麦哲伦企鹅比帝企鹅矮20厘米，那么麦哲伦企鹅有多高？

34 帝企鹅高90厘米，如果帽带企鹅比帝企鹅矮15厘米，那么它有多高？

35 最矮的成年巴布亚企鹅与帽带企鹅的身高差不多，最高的大约像一只帝企鹅那么高。根据前一题的内容，推测巴布亚企鹅的身高范围。

（第31页有小提示，可以帮你回答这个问题。）

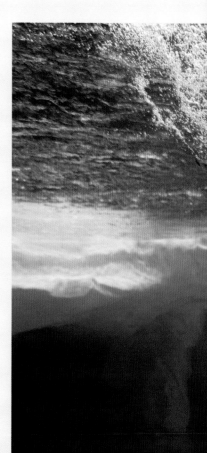

企鹅不会飞，它们的翅膀已经很适应在水中快速游泳了。

企鹅通常以每小时13千米的速度游泳，是人类游泳速度的2倍。

它们在哪里？

动物园里有100只企鹅，一些在水池里，一些在岩石上，一些在洞里。

36 如果岩石上有70只企鹅，水池里有5只，那么洞穴里有几只？

37 如果水池里有25只企鹅，洞穴里有20只，那岩石上有多少只？

打扫栏舍

到了清理长颈鹿栏舍的时间了。你需要清理肮脏的稻草和长颈鹿的粪便，把它们放在手推车里，然后铺上干净新鲜的稻草。

38 4名动物饲养员清理长颈鹿栏舍需要1小时，那么2名动物饲养员需要多久？

粪便数量象形图

图里显示了从一些动物栏舍里收集的粪便桶数。

名称	粪便有多少桶
长颈鹿	🪣🪣🪣🪣🪣
大象	🪣🪣🪣🪣🪣🪣
水獭	🪣
狼	🪣🪣🪣🪣🪣🪣

39 一共有多少桶？

40 哪种动物粪便最少？

稻草的形状

41 下图表示的是一捆一捆的稻草，这3堆分别有多少捆？

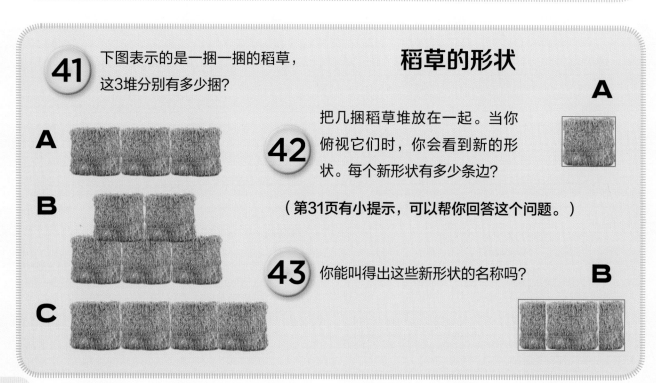

A

B

C

42 把几捆稻草堆放在一起。当你俯视它们时，你会看到新的形状。每个新形状有多少条边？

（第31页有小提示，可以帮你回答这个问题。）

43 你能叫得出这些新形状的名称吗？

长颈鹿每天吃35千克食物。在动物园里，它们吃树叶、干草和胡萝卜。

保持健康

下午3时，你打电话给兽医，因为你担心其中一只鹦鹉生病了。兽医给鹦鹉吃药，然后你让兽医检查一只一瘸一拐的幼虎。

这只鹦鹉病了，兽医在给它喂抗生素。

鹦鹉吃的药

这些注射器装有不同剂量（单位：毫升）的药。你能回答下面的问题吗？

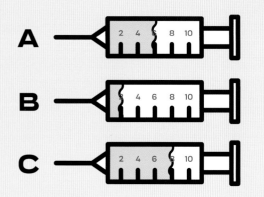

44 每支注射器里有多少药？

45 这只鹦鹉需要10毫升药，兽医用了2支注射器，是哪2支？

（第31页有小提示，可以帮你回答这些问题。）

兽医检查了小老虎的爪子。老虎的爪子是可伸缩的，它们可以像猫的爪子一样收进脚掌里。

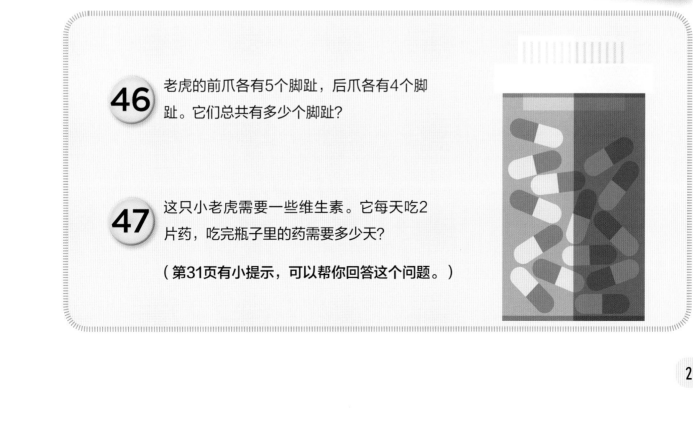

46 老虎的前爪各有5个脚趾，后爪各有4个脚趾。它们总共有多少个脚趾？

47 这只小老虎需要一些维生素。它每天吃2片药，吃完瓶子里的药需要多少天？

（第31页有小提示，可以帮你回答这个问题。）

夜行动物的栏舍

这里的栏舍里是黑暗的，因为这是夜行动物生活的地方。夜行动物白天睡觉，晚上醒来寻找食物。

果蝠很大！它们的翼展可达183厘米。幸运的是，它们吃水果。

关于蝙蝠的图表

蝙蝠在白天应该是醒着的，这样游客才能看到它们。你认为它们是醒着的吗？你可以通过观察找出答案。

48 多少只蝙蝠在下午3时醒了？

49 大量蝙蝠醒来的时候是什么时间？

50 早上9时醒来的蝙蝠比夜晚醒来的多多少？

时间	醒来的蝙蝠数量
早上9时	32
中午	41
下午3时	27
午夜	2

（第31页有小提示，可以帮你回答这些问题。）

非洲马达加斯加的狐猴

来自亚洲的眼镜猴

51 每只夜行动物都有信息标签，但是标签掉了！你能判断出每种动物的情况吗？

你获得的信息是：

- 眼镜猴比狐猴长
- 其中一种动物的尾巴长度是身长的2倍

身长35厘米

尾巴长50厘米

身长15厘米

尾巴长30厘米

（第31页有小提示，可以帮你回答这个问题。）

儿童乐园

现在很晚了，但是儿童乐园里仍然有很多游客。在这个地方，一些温驯的动物被关在一个大围栏里，孩子们可以进入围栏，抚摸动物。

有时动物园允许游客在儿童乐园喂动物。

儿童乐园百位图

1	2	3	4	5	6	7	8	9	10
11		13		15					
	22	23							
								39	
				46					
									60
			64						
			75						
81							88		
					97				

你认识这些动物吗？

看这个百位图，你能回答下面的问题吗？

52 编号83的地方是什么动物？

54 驴在哪个编号的位置？

53 哪个动物在3个10和2个1之和的地方？

55 图中有多少只兔子？

（第31页有小提示，可以帮你回答这些问题。）

动物园商店

动物园就要关门了，但商店还开着。这家商店筹集资金来帮助支付照看动物的费用。

56 大象海报每张5元。你有10元，你能买多少张大象海报？

57 如果你有20元，你能买多少张海报？

鳄鱼手偶还是狮子手偶？

¥4.00＋¥4.00＋¥4.00

57 鳄鱼手偶值多少钱？

59 狮子手偶值多少钱？

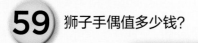

¥4.00＋¥4.00＋¥2.00＋¥0.50＋¥1.00

（第31页有小提示，可以帮你回答这些问题。）

毛绒玩具的价格是多少？

A. 7.50元

B. 12元

C. 9.50元

D. 8.50元

60 哪些玩具的价格低于10元？

61 如果你用10元买了大熊猫玩具（A），应该找给你多少钱？

62 哪些玩具的价格低于9元？

动物园终于关门了，动物们需要休息。明天又是忙碌的一天。

（第31页有小提示，可以帮你回答这些问题。）

小提示

第6页

顺时针：指时钟指针转动的方向。

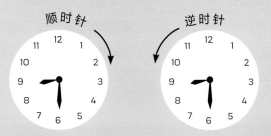

顺时针　　　　逆时针

直角：一个完整圆中心有四个直角。直角通常这样表示：

直角

第8页

时钟：较短的针是时针，它告诉你小时；较长的是分针，它显示从几分钟到1小时。

一周：一周有7天。

第10-11页

加法：你可以按任何顺序进行加法。所以8加6的和与6加8的和是一样的。

减法：重要的是要把较大的数放在前面，8减6得出的答案是2。

第12-13页

十个十个地数：能以十为计数单位，从0数到100是很有用的。模式是0，10，20，30，40，50，60，70，80，90，100。你能倒着数吗？

图表：图表可以清晰地对至少两种信息进行比较。图表中，缺失的动物既吃植物也吃肉。

第14-15页

偶数和奇数：偶数是整数中能被2整除的数，如2、4、6、8……奇数是整数中不能被2整除的数，如1、3、5、7……

一年：一年有12个月。当你长大整整一年（12个月）时，你就可以过生日啦！

第17页

按从小到大的顺序排列数字：首先是那些没有十位的整数，它们是数字0、1、2、3、4、5、6、7、8、9；接下来寻找十位上是1的数，把个位数最小的数放在前面，然后依次是其他数；最后看看是否有十位上的数大于1的数，以此类推。

第18页

范围：告诉我们最小值和最大值。

第20页

边：在数学中，平面的形状都有边。这个长方形有4条边，六边形有6条边。

长方形

六边形

第22-23页

量具和刻度：在数学中，这些可以帮助我们"读取"测量值，了解测量的单位。例如，秤盘上的刻度表示的是千克。

2的倍数：数一下这些数，它们是2的倍数：2、4、6、8、10、12、14、16、18、20。每个数等于已经吃过的药片数量，所以能算出这些药够吃多少天。

第24-25页

白天：早上9时、中午和下午3点都是白天的时间，午夜是夜晚的一个时间。

2倍：意味着乘以2。

第27页

百位正方形图：这是一个有10行，每行10个数的正方形。这是列出1—100的好方法，因为你可以用它找到很多规律。

第28-29页

元和角：记住，1元2角可以写成1.20元，我们用1和2之间的点来分隔元和角。

答案

第6-7页

1 顺时针

2 爬行动物

3 5

4 如果你是5岁,答案是13。
　如果你是6岁,答案是12。
　如果你是7岁,答案是11。
　如果你是8岁,答案是10。
　如果你是9岁,答案是9。
　如果你是10岁,答案是8。

5 短了40厘米

第8-9页

6 10时

7 12:30

8 42天

9 大象

第10-11页

10 2茶匙

11 4茶匙

12 1.5千克

13 3千克

14 4 + 6 = 10

　　4 + 4 = 8

　　6 - 4 = 2

　　6 + 6 = 12

第12-13页

15 40千克

16 80千克

17 7千克

18 食蚁兽

19 两袋干草和一袋药丸

第14-15页

20 4个梨

21 真的

22 8个苹果,是偶数

23 3、9、13和15

24 一岁半

25 2岁

第16-17页

26 蟒蛇

27 红尾蚺

28 2条

29 虎皮鹦鹉,爱情鸟,绯
　　红金刚鹦鹉,凤头鹦鹉

30 9只

31 绯红金刚鹦鹉

32 虎皮鹦鹉

第18-19页

33 70厘米

34 75厘米

35 75—90厘米

36 25只

37 55只

第20页

38 2小时

39 18桶

40 水獭

41 A 3捆

　 B 5捆

　 C 4捆

42 A 4条

　 B 4条

43 A 正方形

　 B 长方形

第22-23页

44 A 6毫升

　 B 2毫升

　 C 8毫升

45 B和C

46 18个

47 7天

第24-25页

48 27只

49 中午

50 30只

51 眼镜猴身长35厘米,
　　尾巴长50厘米。狐猴
　　身长15厘米,尾巴长
　　30厘米。

第27页

52 鸭子

53 熊

54 50

55 8只

第28-29页

56 2张海报

57 4张海报

58 12元

59 11.50元

60 A,C,D

61 2.50元

62 A和D